BEI GRIN MACHT SICH IHR
WISSEN BEZAHLT

Bibliografische Information der Deutschen Nationalbibliothek:

Die Deutsche Bibliothek verzeichnet diese Publikation in der Deutschen National-bibliografie; detaillierte bibliografische Daten sind im Internet über http://dnb.d-nb.de/ abrufbar.

Impressum:

Copyright © 2006 GRIN Verlag, Open Publishing GmbH
Druck und Bindung: Books on Demand GmbH, Norderstedt Germany
ISBN: 9783638799492

Dieses Buch bei GRIN:

http://www.grin.com/de/e-book/63545/sophokles-elektra-vor-dem-hintergrund-der-griechischen-dramaturgie

Vera Pohlmann

Sophokles Elektra vor dem Hintergrund der griechischen Dramaturgie

GRIN Verlag

GRIN - Your knowledge has value

Der GRIN Verlag publiziert seit 1998 wissenschaftliche Arbeiten von Studenten, Hochschullehrern und anderen Akademikern als eBook und gedrucktes Buch. Die Verlagswebsite www.grin.com ist die ideale Plattform zur Veröffentlichung von Hausarbeiten, Abschlussarbeiten, wissenschaftlichen Aufsätzen, Dissertationen und Fachbüchern.

Besuchen Sie uns im Internet:

http://www.grin.com/

http://www.facebook.com/grincom

http://www.twitter.com/grin_com

Universität Paderborn

Fakultät für Kulturwissenschaften

Seminar: Europäische Dramen und Entwicklungslinien

Hausarbeit:

Sophokles *Elektra* vor dem Hintergrund der griechischen Dramaturgie

SS 2006

vorgelegt von: Vera Pohlmann

Inhaltsverzeichnis

1. Einleitung und Erkenntnisinteresse 2

2. Geschichte und Entstehung des griechischen Dramas 2

3. Aristoteles Poetik: wesentliche Elemente eines Dramas 4

4. Griechische Dramaturgie am Beispiel von Sophokles Elektra 5

5. Literatur 10

1. Einleitung und Erkenntnisinteresse

In der vorliegenden Arbeit soll ein Überblick über die wichtigsten Elemente eines Dramas nach der *Poetik* des Aristoteles gegeben werden. Die allgemeine Entstehungsgeschichte des griechischen Dramas soll beleuchtet werden und anhand der *Elektra* des Sophokles werden die gattungsspezifischen Merkmale eines Dramas überprüft.

2. Geschichte und Entstehung des griechischen Dramas

Die Entstehung des griechischen Dramas wird zurückgeführt auf die Dionysos-Feste im alten Athen. Der Dionysoskult wurde zunächst zelebriert durch die temporäre Abkehr vom normalen Alltag, bis hin zur Ekstase. „Das Ziel der Ekstase wird erreicht durch Mittel der Berauschung, d.h. der Rationalitätsverdunkelung, hin bis zur Rationalitätsausschaltung. Diese Mittel sind Rhythmus, Melodie, Tanz, Wein, Sexualität" (Latacz, 1993, S.33). Die totale Rationalitätsausschaltung des eigenen Ichs ging häufig einher mit dem Wunsch, sich in eine andere Person zu verwandeln, was sich dann im Verkleiden mit Masken und Kostümen zeigte.

Jährlich fanden zwei Feste zu Ehren des Gottes Dionysos statt. Die Lenäen wurden ca. Januar/ Februar gefeiert, die Dionysien ca. März/April. Die Ausrichtung dieser Feste übernahm der Staat, daher sind umfangreiche Aufzeichnungen erhalten geblieben (vgl. Newiger, 1996, S. 15). Als Initiator der antiken Tragödie galt Thepis, der dem schon vorhandenen Chor, einen Schauspieler gegenüberstellte.

Die Dionysos-Feste veränderten sich von der reinen Verehrung des Gottes später zum Wettstreit zwischen den Dichtern einer Gattung. Sowohl Tragödien als auch Komödien wurden institutionalisiert. Eine Besonderheit der damaligen Darbietung eines Dramas war ihre Einmaligkeit. Jedes Stück wurde tatsächlich in der Regel für diesen Wettkampf geschrieben und auch nur dort aufgeführt (vgl. Newiger, 1996, S. 23).

Ein unabdingbarer Bestandteil des griechischen Dramas war das Wechselspiel zwischen Chor und Schauspielern. Die enorme Bedeutung des Chores zeigt sich unter anderem darin, dass die Dramen zum Teil sogar nach dem Chor benannt wurden, z.B. *Perser, Trachinierinnen* (vgl. Newiger, 1996, S.17).

Die Handlungen der antiken Stücke erstrecken sich über einen einzigen Tag und finden ausschließlich an einem Ort statt. Um die Einheit der Zeit zu verdeutlichen, war es üblich, das Drama von Sonnenaufgang bis Sonnenuntergang dauern zu lassen. Um der Einheit des Ortes gerecht zu werden, wurden Geschehnisse an anderen Orten durch Botenbericht oder Mauserschau dem Publikum vorgetragen. Die Themen entspringen in der Regel der griechischen Mythologie.

Die ausschließlich männlichen Schauspieler und der Chor des griechischen Theaters waren auffällig verkleidet mit Masken und Kostümen. „Die starke Verkleidung der Bühnenfiguren stammt aus dem Kult und bedeutet, daß diese Menschen sich nun in andere, teils niedere, teils höhere Wesen verwandeln, im Dienste des Gottes ihr Selbst aufgeben" (Newiger, 1996, S.47/48). Aber auch aus theatertechnischen Gründen waren Maske und Kostüm von enormer Bedeutung. Da es nur sehr wenige Schauspieler gab und diese mehrere, sehr unterschiedliche Rollen - Männer und Frauen - zu spielen hatten, wurde eine vollständige Verkleidung notwendig.

Die drei bedeutendsten Vertreter der Tragödie waren ihrer Zeit: Aischylos, Sophokles und Euripides. Sie alle setzten neue Akzente im griechischen Theaterspiel. Entgegen dem damaligen Usus dem Chor nur einen Schauspieler entgegenzusetzen, ließ Aischylos einen weiteren Akteur in Erscheinung treten und arrangierte so die Auseinandersetzung zweier Schauspieler vor dem Chor.

Sophokles ermöglichte weitere konfliktgeladene Kombinationen vor dem Chor, indem er noch einen dritten Schauspieler einführte. Euripides führte diese Idee weiter, ließ jedoch dem Chor eine tragendere Rolle zukommen, indem er ihm eine deutende Funktion zukommen ließ.

3. Aristoteles Poetik: wesentliche Elemente eines Dramas

Nach Aristoteles wird in der Dichtung nichts anderes getan, als die Wirklichkeit nachgeahmt (= Mimesis). Die nachahmenden Schauspieler imitieren entweder Menschen mit gutem oder Menschen mit schlechtem Charakter. In einer Komödie werden schlechte Personen dargestellt, in der Tragödie die besseren.

Aristoteles bestimmte sechs wesentliche Elemente einer Tragödie, die aber auch für die Komödie gelten können (vgl. Asmuth, 1997, S.3). Diese Elemente sind: Mythos (Handlung), Charaktere, Sprache, Erkenntnisfähigkeit (Gedanke, Absicht), Inszenierung und Melodik.

Der wichtigste Bestandteil eines Dramas ist nach Aristoteles die Handlung – der Mythos. „Denn die Tragödie ist nicht Nachahmung von Menschen, sondern von Handlung und von Lebenswirklichkeit" (Aristoteles, 1982, S.21). Die Handlungen seien es, die letztlich zum Glück oder Unglück eines Menschen führen und ohne die kein Drama möglich sei.

Erst an zweiter Stelle nannte er den Charakter, der für ihn das war, „...was die Neigungen und deren Beschaffenheit zeigt" (Aristoteles, 1982, S.23). Nur um eine bestimmte Handlung zu erreichen, so Aristoteles, würden die Charaktere mit einbezogen.

Unter Erkenntnisfähigkeit verstand er die Fähigkeit, Gedanken bzw. Absichten so zu formulieren, dass „etwas sei oder nicht sei" (Aristoteles, S. 23) oder allgemeine Feststellungen getroffen werden.

Mit Sprache bezeichnete Aristoteles die verbale Verständigung. „Die Melodik" trug für ihn „am meisten zur anziehenden Formung bei" (Aristoteles, S. 25), während die Inszenierung das Publikum erschaudern oder entzücken lassen sollte.

4. Griechische Dramaturgie am Beispiel von Sophokles Elektra

Grundsätzlich werden nach Volker Klotz zwei Grundtypen des Dramas unterschieden – das offene und das geschlossene Drama. Das geschlossene Drama ist gekennzeichnet durch wenige Figuren, durch eine Kontinuität in Raum und Zeit, durch feste Gesellschaftsstrukturen, durch eine Handlung, die sich geradlinig dem festen Schluss nähert. Die geschlossene Form ist „definiert mit der Formel ‚Ausschnitt als Ganzes'" (Gutzen, Petersen, Wagner-Egelhaaf, 2006, S.77). Das offene Drama zeigt nur Teilstücke vom Ganzen. Das Ganze ist jedoch auch in der offenen Form immer präsent (vgl. Gutzen, Petersen, Wagner-Egelhaaf, 2006, S.77).

Bei Sophkles *Elektra* handelt es sich um ein Drama mit einer geschlossenen Form. Das Stück kommt mit nur wenigen Hauptfiguren aus: Elektra, alter Diener, Orestes, Chrysothemis, Klytaimnestra, Aigisthos. Das Drama folgt einer einsträngigen Handlung und besitzt einen festen Schluss, nämlich Rache/ Wiederherstellen der Ehre/ göttliche Erfüllung.

Die Vorgabe der Einheit von Ort (Raum), Zeit und Handlung nach Aristoteles *Poetik* hält Sophokles ein. Das Stück spielt im Palast in Mykene und erstreckt sich über einen Tag (vgl. Sophokles, 1964, S.5, S.64). Geschehnisse, die sich nicht im/ am Palast ereignen, werden dem Publikum per Botenbericht vermittelt. Zum Beispiel berichtet Chrysothemis Elektra von der Ankunft des Orestes (vgl. Sophokles, 1964, S. 40).

Die Handlung entwickelt sich in drei Schritten: Als erstes wird der Charakter der Elektra beschrieben. In ihrem Dialog mit dem Chor geht sie als die Leidende hervor, in dem Gespräch mit ihrer Schwester als die auf Rache Hoffende und in der Auseinandersetzung mit ihrer Mutter als die Hassende. Zweitens folgt die Nachricht vom angeblichen Tod ihres Bruders und führt bei Elektra zur totalen Verzweiflung. Und drittens gibt Orestes sich Elektra zu erkennen und rächt den Tod des Vaters (vgl. Latacz, 1993, S.239, 240).

Anhand des inneren Aufbaus kann *Elektra* von Sophokles als Zieldrama mit analytischen Elementen eingeordnet werden. Einerseits ist die Handlung klar auf das Ende hin ausgerichtet, andererseits liegen bestimmte Ereignisse des Stücks in der Vergangenheit. Die Ermordung des Vaters zum Beispiel hat zu Beginn des Stückes schon stattgefunden. Das gesamte Stück handelt von der Wiederherstellung der Ehre der ganzen Sippe, von der Rache an der Mutter und deren neuen Mann, da diese den Tod des Vaters herbeigeführt haben.

Die auf Aristoteles zurückgehende Ständeklausel erfüllt Sophokles insofern, als dass die Hauptpersonen des Dramas von hohem Stand sind. Drehpunkt des Stückes ist die adelige Familie im Königshaus. Die Gestalt der Elektra steht im Mittelpunkt der Tragödie. Die Diener vom niederen Stand agieren lediglich als Boten, Erzähler und Vertraute, nicht als ernstzunehmende, handelnde Figuren.

Die Figurengruppierung innerhalb eines Dramas „bringt einen dramatischen Konflikt erst zur Geltung" (Gutzen, Petersen, Wagner-Egelhaaf, 2006, S.82). Bei *Elektra* stehen Elektra als die starke Schwester mit Orestes und Pylades auf der einen Seite und Klytaimnestra mit Aigisthos aus der anderen Seite. Chrysothemes als die schwache Schwester befindet sich zwischen den Fronten.

Ein Drama weist eine Innere und äußere Bauform auf, welche weitestgehend übereinstimmen. Die äußere Gliederung eines Dramas kann einaktig, dreiaktig oder fünfaktig sein. Die innere Bauform eines fünfaktigen Dramas lässt sich in der Regel gliedern in: Protase (Einleitung mit Exposition), Epitase (Steigerung der Verwicklung),

Katastase (Höhepunkt der Handlung), Peripetie (Umschlag der Handlung) und Katastrophe (vgl. Gutzen, Petersen, Wagner-Egelhaaf, 2006, S.79).

Das Grundschema einer Tragödie wird auch bei *Elektra* eingehalten. Die Protase findet im ersten Akt statt. Zunächst wird der Zuschauer in die Handlung eingeführt und die Vorgeschichte wird erläutert, indem ein Diener mitteilt, welches Schicksal den König ereilt hat und Elektra darüber einen Dialog mit dem Chor führt. Die wichtigsten Personen werden vorgestellt. Es findet eine direkte Charakterisierung statt, eine Einführung durch andere Figuren im Drama. Die klagende Elektra tritt zu Beginn auf der Bühne auf und bringt sich somit selbst ins Geschehen ein, indem sie meist längere Monologe hält (indirekte Charakterisierung). Der Chor nimmt von Beginn an wertende Kommentare vor.

Bei *Elektra* kann man von einem Dominoeffekt im Rache-Genugtum-Szenario sprechen: Elektras Vater tötete im Wald einen Hirsch, woraufhin die Götter von ihm die Tötung einer seiner Töchter verlangten. Nachdem der Vater eine Tochter geopfert hatte, tötete die Mutter zur Vergeltung den Vater. Nun wird von Orestes, dem Sohn, verlangt, das er den Rachefeldzug fortsetzt und die Mutter tötet. Was ebenfalls wiederum nach Rache verlangt…

In der Epitase im zweiten Akt dominieren der Schmerz und die Anspannung im Innern von Elektra. Die Gestalt der Elektra rückt ins Zentrum des Geschehens und ihre Gefühle und ihre Situation werden zum Thema des Dramas. Sie lässt sich vom Schmerz über den Tod ihres Vaters überwältigen („Jedoch ich will nicht davon lassen, daß ich um meinen Vater klage, den unglückseligen!", Sophokles, 1964, S.9/10, „…ich Arme, … und trage dieses unendliche Schicksal der Leiden!" Sophokles, 1964, S.11). Und sie zeigt Verachtung und Verzweiflung gegenüber ihrer Schwester Chrysothemis, nachdem diese ihre Mithilfe bei dem Muttermord verweigert und Elektra noch davon ausgehen muss, dass ihr Bruder Orestes tot sei und somit das ihm auferlegte Schicksal nicht erfüllen kann. Gegenüber ihrer Mutter Klytaimnestra empfindet Elektra wegen des schamlosen Mordes an ihrem Vater puren Hass („So sage ich dir: du gibst zu, den Vater hast du ermordet!

– Welches Wort könnte wohl schamloser noch sein als dieses?" „...du jetzt die allerschamlostesten Dinge tust: Die du zusammen mit dem Mörder schläfst..." „Jedoch Dein böses Wollen und deine Werke zwingen mich, daß ich dies tue mit Gewalt!", Sophokles, 1964, S.26-28).

In der Katastase im dritten Akt beschließt Elektra trotz aller Warnungen ihrer Schwester in ihrer Verzweiflung ihre Mutter und deren Liebhaber zu töten, um die Ehre des Vater/ der Familie wieder herzustellen.

Die Peripetie im vierten Akt ist bestimmt von der Tatsache, dass Elektras Bruder Orestes doch nicht, wie vorgetäuscht, tot ist, sondern er kehrt lebendig zurück. Er gibt sich Elektra zu erkennen und weiht sie in seine gottbefohlenen Pläne ein. Elektra erwartet voller Ungeduld, dass Orestes den Vater räche und ihr Genugtum verschaffen möge. Da der Orestes zunächst auf eine List zurückgreift und sich nicht zu erkennen gibt, zögert er die Handlung/ das umschlagende Element hinaus. Orestes überbringt zunächst Elektra als getarnter Bote, die Nachricht von seinem Tod. Klytaimnestra und Aigisthos gibt er sich kurz bevor er sie umbringt, zu erkennen. „Durch die Intrige, die in der List besteht, wird also das ganze Stück zusammengehalten" (Latacz, 1993, S.238).

Das Stück endet mit der Katastrophe im fünften Akt. Orestes tötet zunächst seine Mutter und anschließend deren neuen Liebhaber Aigisthos. Elektra ist zwar nicht aktiv an den Morden beteiligt, aber sie hat selbst Mordpläne geschmiedet und zieht die Fäden im Hintergrund. Im Geiste ist sie ebenso an den Morden beteiligt, wie ihr Bruder. Sie fordert ihn sogar auf, noch einmal auf Klytaimnestra einzuschlagen, um sie damit endgültig zu töten („Schlage zu, wenn Du die Kraft hast, zum zweiten Mal!" (Sophokles, 1964, S.66).

Das Drama lässt offen, wie das weitere Schicksal von Orestes und Elektra verläuft. Man kann nur vermuten, dass die Rachegöttinnen die beiden wegen des Muttermordes verfolgen werden. Genau hier liegt die Tragik Elektras: In ihrer Verzweiflung und Überheblichkeit erkennt sie nicht, dass ihre Schwester (wie auch der Chor) ihr helfen möchte, nicht schuldig zu werden.

Auch Chrysothemes ist voller Trauer für den Vater, aber für sie steht fest, dass sie die Serie von Rachemorden nicht fortführen wird, um irgendwann ein normales Leben fortsetzen zu können („Was wünscht Du, Unglückselige auf dich herab? ... Und dieses Leben hier gilt dir für nichts?", Sophokles, 1964, S. 19). Elektra weist ihre Schwester und deren Hilfe weit von sich, vergeht in Selbstmitleid und macht sich durch Beteiligung am Sühnemord selbst schuldig. Sie zerstört ihr Leben und auch das ihres Bruders. Letztlich wird sie tragisch an der Hybris, an ihrem moralischen Fehlverhalten, zugrunde gehen, da sie sich selbst über den Willen der Götter gestellt hat.

Sophokles *Elektra* kann als typisch antikes Drama mit modernen Elementen betrachtet werden. Entsprechend dem damaligen Usus ist *Elektra* durchzogen von zum Stück passenden Chorliedern. Die Passagen des Chores sind aber schon komprimierter als zum Beispiel noch bei Aischylos. *Elektra* ist ein in sich geschlossenes Drama, Sophokles hat die Fortführung der Tragödientrilogie vernachlässigt. Er legt viel Wert darauf, die Persönlichkeiten seiner Figuren herauszuarbeiten, insbesondere die innersten Gefühle der Elektra schildert Sophokles ausführlich. Man kann also feststellen, es handelt sich bei *Elektra* um ein Figurendrama mit Handlungselementen.

Das Drama erfüllt auch den Anspruch nach der Katharsis (Reinigung), das bedeutet, dadurch dass Orestes den Mord an seiner Mutter vornimmt, braucht der Zuschauer den Mord nicht selbst zu begehen.

5. Literatur

1. Aristoteles, *Poetik*. 1982, Philipp Recla jun. GmbH & Co., Stuttgart Reclam UB Nr. 7828

2. Gutzen, Dieter/ Petersen, Jürgen H./ Wagner-Egelhaaf, Martina: *Einführung in die neuere deutsche Literaturwissenschaft. Ein Arbeitsbuch.* 2006, Erich Schmidt Verlag, Berlin, S. 75-83

3. Latacz, Joachim, *Einführung in die griechische Tragödie.* 1993, Vandenhoeck und Ruprecht, Göttingen

4. Newiger, *Drama und Theater. Ausgewählte Schriften zum griechischen Drama.* 1996, M&P Verlag für Wissenschaft und Forschung, Ein Verlag der J.B. Metzlerschen Verlagsbuchhandlung und Carl Ernst Poeschel Verlag GmbH, Stuttgart

5. Sophokles, *Elektra.* 1964, Suhrkamp Verlag, Frankfurt am Main, Reclam UB Nr. 711

BEI GRIN MACHT SICH IHR WISSEN BEZAHLT

- Wir veröffentlichen Ihre Hausarbeit,
  Bachelor- und Masterarbeit

- Ihr eigenes eBook und Buch -
  weltweit in allen wichtigen Shops

- Verdienen Sie an jedem Verkauf

Jetzt bei www.GRIN.com hochladen
und kostenlos publizieren